BEI GRIN MACHT SICH IHR WISSEN BEZAHLT

- Wir veröffentlichen Ihre Hausarbeit,
  Bachelor- und Masterarbeit

- Ihr eigenes eBook und Buch -
  weltweit in allen wichtigen Shops

- Verdienen Sie an jedem Verkauf

Jetzt bei www.GRIN.com hochladen
und kostenlos publizieren

Bibliografische Information der Deutschen Nationalbibliothek:

Die Deutsche Bibliothek verzeichnet diese Publikation in der Deutschen National-
bibliografie; detaillierte bibliografische Daten sind im Internet über http://dnb.d-
nb.de/ abrufbar.

Impressum:

Copyright © 2009 GRIN Verlag, Open Publishing GmbH
Druck und Bindung: Books on Demand GmbH, Norderstedt Germany
ISBN: 9783640527182

Dieses Buch bei GRIN:

http://www.grin.com/de/e-book/143407/nation-building-und-die-buerde-des-weissen-
mannes-in-afghanistan-und-irak

Stefan Reiß

Nation Building und die Bürde des weissen Mannes in Afghanistan und Irak

GRIN Verlag

1. Einleitung   1

2. Das koloniale Erbe im Irak und in Afghanistan   2

    2.1   Die Bürde des weißen Mannes   2

    2.2   Irak und Afghanistan im Zeitalter des Kolonialismus   3

    2.3   Hinterlassene Konflikte   4

3. Imaginative Geographien   7

4. Nation Building   10

    4.1   „Liberaler Imperialismus" und Nation Building   10

    4.2   Das Konzept des Nation Building   11

    4.3   Nation Building   Eine Auswertung von Fallstudien   12

       4.3.1   Afghanistan   12

       4.3.2   Irak   14

5. Fazit: Die postkoloniale Prägung des Nation Building   15

6. Literaturverzeichnis   17

1.   Einleitung

Die „Postkoloniale Theorie" ist ein konzeptioneller Ansatz innerhalb der Politischen Geographie. Sie sucht nach persistenten kolonialen Strukturen in heute formal dekolonisierten Gesellschaften. Es geht also darum, nach Spuren zu suchen, welche die koloniale Vergangenheit eines Raumes bis in die Gegenwart hinterlassen haben. Der Geograph Derek Gregory spricht deshalb von einer „Colonial Present" seiner Untersuchungsräume. Zu diesen gehören demnach aber nicht nur die ehemals kolonisierten Räume, sondern auch die ehemals kolonisierenden Gesellschaften. Das Kolonialzeitalter hinterließ also seine Spuren nicht nur in den von den europäischen Mächten kontrollierten Räumen. Die Europäer selbst erfuhren ebenfalls aufgrund ihrer selbst auferlegten Rolle als „Kolonialherren" Prägungen durch die Handlungen und die Umstände in jener Zeit. Rollen nämlich generieren sich nicht nur aus Weltbildern, sie produzieren sie auch neu oder pflegen sie.

Die Geographie als Wissenschaftsdisziplin widmet sich nicht nur der Darstellung der Welt an sich und sie beschreibt nicht nur die Raumwirksamkeit von naturbedingten, gesellschaftlichen, sowie wirtschaftlichen und politischen Entwicklungen. Sondern sie untersucht auch die Genese und Raumwirksamkeit von Weltbildern. Gregory fasst diese Phänomene unter dem Begriff der „imaginative geographies" zusammen. Es soll untersucht werden, inwieweit die koloniale Vergangenheit von Okkupierten und Okkupanten bis heute Weltbilder erhält, aufgrund derer sich die Beteiligten zu etwaigen Handlungen motivieren lassen. Als Nebeneffekt kann hierbei auch angenommen werden, dass diese Motivation nicht nur in den Gesellschaften besteht, sondern auch innerhalb der einschlägigen politischen Eliten als Legitimation zu Interventionen aus ganz anderen Beweggründen herangezogen wird.

Das multinationale militärische Engagement im Irak und in Afghanistan ist inzwischen zur Selbstverständlichkeit geworden und es bleibt vermutlich noch auf unbestimmte Zeit bestehen. Nach Afghanistan haben über 40 Nationen unter einem UN-Mandat im Rahmen der „International Security Assistance Force" (ISAF) Truppen entsandt. Im Irak kämpft die „Coalition of the willing" um die Sicherheit im Land und verteidigt die Kontrolle über Ressourcen. Die jeweils größten Kontingente stellen die USA und Großbritannien.

Die Präsenz, oder zumindest die direkte Einflussnahme dieser beiden westlichen Staaten, (in der Vergangenheit auch durch Russland und dem Osmanischen Reich) hat eine lange Tradition im Nahen und Mittleren Osten. Irak und Afghanistan blicken auf eine lange koloniale Vergangenheit zurück. Damals wie heute sind diese Räume einem hohen Maß an Fremdbestimmung von außen ausgesetzt.

Daraus ergibt sich Frage, inwieweit hinsichtlich der Motive, der Legitimation und der Ausprägung dieser Fremdbestimmung Parallelen zwischen der damaligen Zeit und der Gegenwart bestehen.

Die Verantwortlichen für das Engagement in Irak und Afghanistan sprechen von „Nation Building". Demnach sei man vor Ort engagiert, um die Konflikte in den instabilen Räumen zu lösen und selbstständig funktionierende Staatengebilde zu hinterlassen. Zweifellos haben die früheren Kolonialherren viele dieser Konflikte hinterlassen. Die Suche nach Zusammenhängen zwischen den entsprechenden kolonialen und den gegenwärtigen Auffassungen hinsichtlich der kolonialen „white mens burden" sind Gegenstand dieser Arbeit.

Dazu muss ein kurzer Abriss der Kolonialgeschichte Afghanistans und Iraks erfolgen, zumindest insoweit sie Gegebenheiten schuf, welche die großen heute noch relevanten Konflikte verursachten. Im Anschluss daran erfolgt die Auseinandersetzung mit der Konstruktion von imaginativen Geographien als theoretisches Bindeglied von der kolonialen Vergangenheit in die postkoloniale Gegenwart. Gefragt wird nach dem Weltbild der ehemals Kolonisierenden auf die ehemals Kolonisierten. In einem dritten Schritt widmet sich diese Arbeit dem Konzept des „Nation Building" und daran anschließend anhand Fallstudien einer Spurensuche für die Frage, wie viel „white mens burden" im „Nation Building" steckt.

2.   Das koloniale Erbe im Irak und in Afghanistan

2.1   Die „Bürde des weißen Mannes"

„The white mens burden" ist der Titel eines Gedichtes von Rudyard Kippling aus dem Jahr 1899. Es handelt davon, dass der „weiße Mann" die Aufgabe habe, sich den „unzivilisierten", nicht staatlich organisierten „Völkern" anzunehmen. Es stellt den Kolonialismus dieser Zeit nicht vordergründig als profitables Geschäft und Ausübung von Weltmacht im Wettlauf mit Konkurrenten dar, sondern vielmehr als eine Aufgabe, eben als Bürde. Man sei demnach verpflichtet, den Menschen in den Kolonien zu helfen, indem man ihnen als Vorbild voransteht, ihnen den eigenen Stolz vorlebt und sie in die zivilisierte Welt führt. Man müsse sie vor grausamen Kriegen schützen und sie ernähren. Bemerkenswert ist, dass in diesem Gedicht auch die Rede von der Abschirmung einer Terrorbedrohung ist (EASTERLY 2006: 3).

Für die Kolonialherren galt das aus ihrer Sicht unzivilisierte, allerdings „bereits seit Jahrtausenden bewohnte eroberte Land als [...] leer und auch jungfräulich, [...] hier gleichbedeutend mit verfügbar, menschenleer, geschichtslos und mithin ausbeutbar" (VALERA et. al. 2005: 312).

Die zivilisatorische Rückständigkeit einer kulturfremden Bevölkerung in Räumen, die aus ihrer Sicht ein Machtvakuum zwischen sich und den Konkurrenten darstellten, wurde als Bedrohung empfunden (BABEROWSKY 2007: 24). Das Gedicht „the white mens burden" bringt die damalige Haltung der Großmächte zum Ausdruck, nach welcher man der Heilsbringer der Kolonisierten sei. Briten und Franzosen rechtfertigen ihre Okkupationen im Mittleren Osten, indem sie darauf verwiesen, dass die dort lebenden Menschen „zur Selbstverwaltung nicht in der Lage" (FÜRTIG 2003: 20) seien. Die Zaren in Moskau sahen Russland in der Rolle, „die wilden Völker Asiens" (BABEROWSKY 2007: 23) zu „zivilisieren". Die europäischen Großmächte präsentierten sich auch als Befreier der Araber von der Unterdrückung durch das Osmanische Reich.

2.2   Irak und Afghanistan im Zeitalter des Kolonialismus

Obige Argumente führten die Verantwortlichen in den Kolonialmächten als Legitimation für ihr „Great Game" an (BABEROWSKY 2007: 26). Dieser Begriff steht für den Wettlauf des British Empire mit Russland um die Räume Zentralasiens im 19. Jahrhundert. Die russischen Expansionsbestrebungen hatten seit jeher zum Ziel, endlich eine Küste für einen ganzjährig eisfreien Hafen zu erreichen. Dies war auch die Motivation für die Stoßrichtung von kasachischen Gebieten aus in den Süden – nach Afghanistan. Ebendies mussten die Briten als Bedrohung ihrer Kronkolonie Indien empfinden, weswegen sie versuchten, den Russen entgegenzukommen und sie in jener Region zu blockieren, auf der die heutigen Staaten Afghanistan und Pakistan liegen. Zu beachten ist hier der Unterschied in den Regimen in jener Zeit. Im zaristischen, monarchisch geprägten Russland konnten Erfolge bei militärischen Expansionen dazu dienen, die Zufriedenheit der russischen Untertanen mit ihren Herren zu festigen. Die Regierungen in London mussten sich mit einer parlamentarischen Opposition und mit der Stimmung unter weitgehend emanzipierten Bürgern auseinandersetzen (BABEROWSKY 2007: 25). Das Vorleben einer „white mens burden" musste deshalb auch auf den Nationalstolz der britischen Bevölkerung abzielen.

Briten und Franzosen präsentierten sich als Freunde der Araber und instrumentalisierten diese im Ersten Weltkrieg gegen das Osmanische Reich,[1] indem man ihnen einen freien arabischen

---

[1] Die frühere „Provinz Bagdad" galt seit dem Mittelalter für die Osmanen als eine Pufferzone gegen Persien an der „Peripherie des Staates" (FÜRTIG 2003: 13).

Staat als Belohnung versprach, wie beispielsweise Kurdistan (FÜRTIG 2003: 26). Nach dem Krieg allerdings wurde das Gebiet des heutigen Irak unter den Siegern als Beute aus der Erb-Masse des Osmanischen Reiches" (FÜRTIG 2003: 21) aufgeteilt.

In der Zwischenkriegszeit und nach dem Zweiten Weltkrieg zogen die ehemaligen Kolonial-mächte nach und nach die endgültigen Grenzen,[2] die bis heute Konflikte hinterlassen haben. Die Afghanen und die Iraker konnten in dieser Phase schrittweise ihre vordergründige Selbst-bestimmung ausbauen. Woodrow Wilsons 14 Punkte zur Beilegung des Ersten Weltkrieges beendeten formal den Kolonialismus, indem nach diesen auf die Selbstbestimmung freier Völker Rücksicht genommen werden solle. „Kolonien" und „Protektorate" wurden in „Man-date" geändert, die direkte Macht der Kolonialherren wurde aufgegeben. Auch die formale Unabhängigkeit vom Irak und von Afghanistan wurde nach dem Ersten Weltkrieg offiziell. Massive Fremdeinwirkungen blieben jedoch bestehen. Zwar wurde Russland von der kom-munistischen Sowjetunion und Großbritannien von den USA abgelöst. Das „Great Game" wich dem Kalten Krieg. Dem Kolonialismus folgte der Imperialismus, wobei diese beiden Begriffe folgendermaßen unterschieden werden können:

> Versteht man unter Ersterem jede Form von Besiedlung, die immer Landan-
> eignung und Herrschaft beinhaltet, so könnten unter Imperialismus alle ande-
> ren Formen der Appropriation und Ausbeutung, die auf asymmetrische
> Machtbeziehungen beruhen, verstanden werden (VALERA et. al. 2005: 312).

Die Großmächte steuerten weiterhin die Eliten dieser Länder, konnten über den Grad ihrer nationalen Souveränität entscheidend mitbestimmen und erhielten sich politischen und wirt-schaftlichen Einfluss, was im nächsten Kapitel gezeigt werden soll.

2.3 Hinterlassene Konflikte

Für die Darstellung der hinterlassenen Konflikte in dieser Arbeit ist es zunächst sinnvoll zu zeigen, inwiefern Afghanistan und Irak künstliche Gebilde durch Fremdbestimmung sind, konkret, welche Gestalt die beiden Länder durch die Oktroyierung[3] ihrer Staatsgrenzen erhal-ten haben. Auf diese Weise Konflikte aufzuzeigen, umgeht den diskutablen Einwand, Ge-schichte könne niemals vollendete Objektivität liefern.[4] Denn Staatsgrenzen gehen auf offi-

---

[2] Der Grenzverlauf zwischen dem heutigen Pakistan und Afghanistan, die sog. „Durand-Linie", ist allerdings älter. Sie stellte ab dem Jahr 1893 die Demarkationslinie Britisch-Indiens dar (BABEROWSKY 2007: 28).
[3] Afghanen wie auch Iraker waren diesbezüglich gegenüber den Kolonialmächten nie gleiche Verhandlungspart-ner. (BABEROWSKY 2007: 22-30, bzw. FÜRTIG 2003: 17-36).
[4] Wie im dazugehörigen Geographie-Hauptseminar „Geopolitische Konflikte im Nahen und Mittleren Osten" diskutiert.

zielle und zweifelsfrei objektiv auswertbare Verträge zurück. Die Lage von Siedlungsgebieten bestimmter ethnischer Gruppen wird für diese Arbeit als das Ergebnis empirischer Erfassung und der Auswertung von historischen Dokumenten vorausgesetzt.

Die Regionen um Irak und Afghanistan sind bereits seit dem Mittelalter multireligiös und ihre Multiethnizität ist noch älter. Die einerseits durch Nomadentum und andererseits durch regionale Stammeskrieger geprägte Besiedlungsstruktur dieses Raumes ist seit Jahrhunderten hochkomplex (BABEROWSKY 2007: 24). Die heutigen Grenzen dieser Staaten tragen diesen Umständen aber kaum Rechnung. Große ethnische Gruppen wurden durch die installierten Nationalstaaten aufgespalten. Im Falle des Irak gilt dies allen voran für die Kurden. Karte 1 stellt den kurdischen Sprachraum dar, ein Gebiet, welches als „historische kurdische Kernregion" (o.A.: ATL. GLOB. 2007: 158) angesehen werden kann.

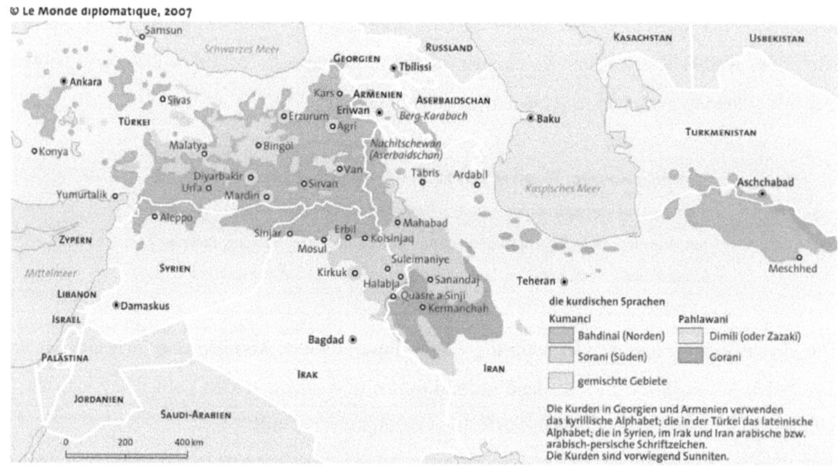

Karte 1: Historische kurdische Kernregion. Quelle: ATLAS DER GLOBALISIERUNG (BARTZ 2007: 159).

Das Kurdengebiet wurde im Wesentlichen auf die nach dem Ersten Weltkrieg neuen Staaten Türkei, Iran, Irak und Syrien aufgeteilt. Die auf diese Weise nun schon seit langer Zeit voneinander getrennten etwa 30 Millionen Kurden zeigen heute, insbesondere seit der Entmachtung des Regimes unter Saddam Hussein, ein hohes Maß an Solidarität füreinander und ein großes Interesse an einem Kurdenstaat, dessen gewünschte Gestalt sich im Wesentlichen an der obigen Darstellung des kurdischen Sprachraums auf der Karte orientiert (EBD.: 158).

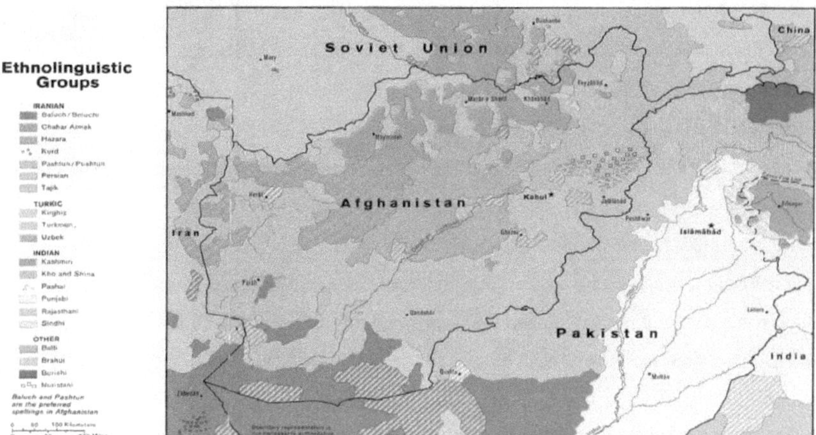

Karte 2: Siedlungsgebiet ethnologischer Gruppen in der Region Afghanistan

Quelle: LÄNDERINFORMATIONSPORTAL 1982.

http://liportal.inwent.org/fileadmin/user_upload/oeffentlich/afghanistan/40_gesellschaft/afgha nistan_ethno_1982.jpg, aufgerufen am 09.12.2009.

Hellbraun eingefärbt sieht man auf Karte 2 das traditionelle Siedlungsgebiet der Paschtunen. Die Teilung ihres Siedlungsgebietes wurde im Jahr 1893 („Durand-Linie") absichtlich zwischen Afghanen und Briten vorgenommen, um etwaige paschtunische Unabhängigkeitsbestrebungen zu schwächen (BABEROWSKY 2007: 28). Noch heute ignorieren viele Paschtunen diese Staatsgrenze.

Des Weiteren hinterließen die fremden Mächte durch Instrumentalisierung bestimmter ethnischer Gruppen auch politische und wirtschaftliche Disparitäten innerhalb beider Staaten. Beispielsweise im Irak sorgte das British Empire noch als Mandatsmacht dafür, dass 1921 eine Monarchie mit dem loyalen König Faisal aus dem Exil installiert werden konnte. Damit wurde auch die Konzentration der Macht und des Wohlstandes auf eine Minderheit, nämlich die islamische Glaubensgemeinschaft der Sunniten festgeschrieben, die sich bis 2003 erhalten hat (FÜRTIG 2003: 23). Außerdem wurde die Ansiedlung assyrischer Christen forciert, „um das pro-britische Quorum zu erhöhen" (EBD.: 2003: 26). Die politischen Eliten des Irak wurden nicht von der irakischen Bevölkerung getragen, sondern von den Briten gestützt. In der Folge war von Anfang an „die kleine Schicht von Nutznießern der britischen Dominanz angesichts der zahlreichen ungelösten ethnischen, sozialen und konfessionellen Konflikten im Land auf britische Unterstützung im Land angewiesen" (EBD.: 29).

Diese Abhängigkeit des jungen irakischen Staatsapparates war gleichzeitig auch ein entscheidender Faktor für den weiteren Erhalt des britischen Einflusses im Land.

Die Geschichte Afghanistans von der Staatswerdung bis heute ist ebenfalls von asymmetrischen Machtverhältnissen und Beeinflussungen durch die Großmächte geprägt. Nach dem Abzug der britischen Truppen aus Kabul 1879, also nach dem Ende der direkten Machtausübung des British Empire auf das Land, blieben die installierten politischen Eliten von Subsidien ihrer Kolonialherren abhängig. (SCHLAGINTWEIT 2003: 32-38). Später, während des Kalten Krieges, versuchten afghanische Regierungen ihren Status als Spielball zwischen den Blöcken im Kalten Krieg zu nutzen und von beiden Seiten wirtschaftliche Unterstützung zu erhalten. Dies aber vertiefte langfristig die Abhängigkeit des Staates noch weiter.

Die mangelnde Integrität und fehlende Eigenständigkeit einer Regierung oder eines Regierungssystems schon von der Gründung einer Nation an schwächt den Staat und erhält konfliktträchtige Disparitäten, die auch den Irak und Afghanistan bis heute prägen. Die Gemeinsamkeit in der Geschichte der beiden Länder ist, dass diese Umstände die politischen Verhältnisse dauerhaft instabil hielten. In der bipolaren Welt des Kalten Krieges versuchten die großen Blöcke, jeweils die politischen Strömungen oder Parteien zu stützen, die der eigenen Ideologie nahekamen. Oder aber sie versuchten nur, dem Erfolg der Gegenseite entgegenzuwirken. Diese Beeinflussungen begünstigten jedoch die Entwicklung zur Diktatur im Irak (FÜRTIG 2003: 88-100). In Afghanistan ließ es die Sowjetunion in den 1970er Jahren zu, sich von der Unterstützung kommunistischer Politiker in Kabul bis in einen aussichtslosen und verheerenden Krieg mit hineinziehen zu lassen, der ein knappes Jahrzehnt andauern sollte und dort rund eine Million Todesopfer und einen nun völlig zerfallenen Staat zurückließ (SCHLAGINTWEIT 2003: 36-38). Seither tobt in Afghanistan ein Bürgerkrieg, aus dem die Herrschaft der Taliban hervorging, die schließlich im gegenwärtigen militärischen Engagement endete.

3. Imaginative Geographien

Das aktuelle militärische Engagement in Afghanistan ist die Folge der gewaltsamen Absetzung des Taliban-Regimes durch die USA, direkt nach den Terroranschlägen vom 11. September 2001. Die verheerenden Anschläge lösten einen weltweiten Schock aus, welcher die allgemeine Wahrnehmung des arabisch-islamischen Kulturraumes durch den Westen nachhaltig beeinflusste.

Die heutige Wahrnehmung des Orients angesichts des Terrors fundamentalistischer Islamisten ist Gegenstand im Diskurs über imaginative Geographien von Derek Gregory. Die Anschläge hätten demnach auch den Effekt, dass die Differenziertheit der westlichen Perspektive auf den Mittleren Osten in ihrer Mangelhaftigkeit verstärkt wurde. Gregory nimmt dazu Bezug auf Edward Saids Werk „Orientalism", in der dieser imaginative Geographien folgendermaßen konstruiert:

> These are constructions, that fold distance into difference through a series of spatializations […]. Said argued, by multiplying partitions and enclosures that serve to demarcate the same' from 'the other', at once constructing and calibrating a gap between the two by designating in one's mind a familiar space which is 'ours' and an unfamiliar space beyond 'ours' which is 'theirs' […] 'Their' space is often seen as the inverse of 'our' space: a sort of negative , in the photographic sense that 'they' might 'develop' into something like 'us', but also the site of an absence, because 'they' are seen somehow to lack the positives tonalities that supposingly distinguish 'us'(GREGORY 2004: 17, zitiert nach SAID 1978: 54).

Wenn von „uns" die Rede ist, sind damit Europa und die USA gemeint und „they" entspricht hier „unserer" Wahrnehmung der Menschen im islamisch-arabischen Kulturraum.

Wenige Tage nach den Anschlägen fragte George W. Bush „Why do they hate us?"(GREGORY 2004: 21, zitiert nach BINYON 2001) In der wissenschaftlichen Auseinandersetzung im Herbst 2001 wurde kritisiert, dass diese Frage nicht in der Erwartung einer Antwort gestellt wurde. Sie sei eher ein ritueller Akt „to insist on its unanswerability was a magical attempt to ward off this lethal attack against an American ‚innocence' that never did exist"(GREGORY.: 21, zitiert nach BUCK-MORSS 2001).

Die Bush-Regierung versuchte bis 2003, die breite Zustimmung, die der Angriff auf das Taliban-Regime erfuhr, für einen Angriff auf das Regime von Saddam Hussein zu remobilisieren.

Gregory führt aus, wie die Geschehnisse in New York und Afghanistan nach seiner Perspektive mit den kurz darauf folgenden Entwicklungen im Irak zusammenhängen. „I will also explore the ways in which America took advantage of those same attacks and mobilized those same imaginative geographies (or variants of them) to wage another war on Iraq in the spring of 2003" (GREGORY 2004: 19).

Die aktuellen Erfahrungen mit dem islamistischen Terror habe es der Bush-Regierung erleichtert, nach dem Angriff auf das Taliban-Regime auch im Irak zu intervenieren. Jenseits der Diskussion um eine auf völkerrechtlicher Basis beruhende Legitimation sieht Gregory also die ideologische Argumentation der damaligen Regierung der USA, nach der die Bedrohung, die aus Afghanistan hervorging, ebenso für den Irak gelte. Dies setzt eine perspektivische Gleichbehandlung der Komplexe Irak und Afghanistan und ein gemeinsames Weltbild voraus. Dabei spielten nicht nur militärstrategische Argumente oder etwaige Bedrohungsszenarien eine wichtige Rolle, sondern auch „the connective imperative between colonial modernity and its architecture of enmity" (GREGORY 2004: 20). „People go to war because of what they *see, perceive, picture, imagine and speak of* others" (GREGORY 2004: 20, zitiert nach DERIAN 2002). Für die US-Regierung könnte dies hilfreich gewesen sein für die Überzeugungsarbeit, die es gegenüber der eigenen Bevölkerung und wohl auch gegenüber den eigenen Streitkräften bedurfte. Es ging darum, für den Angriff auf den Irak ausreichende Zustimmung zu erhalten oder zumindest massiven Widerstand zu umgehen. Denn für eine moderne Demokratie wie in den USA gilt im erhöhten Maße, was bereits für die Demokratie des British Empire im 19. Jahrhundert galt (siehe 2.2). Diese Überzeugungsarbeit gelang hinreichend in den USA (die Hegemonialmacht des 20. Jahrhunderts) und in Großbritannien (dem verbliebenen Rest des im 19. Jahrhundert übermächtigen British Empire).

Die Kritik daran - Gregory beruft sich erneut auf Said - gilt einem historisch subjektiven und damit eindimensionalen Weltbild vom Mittleren Osten und von der Situation im Irak und in Afghanistan.

> Said's primary concern was with the ways in which European an American imaginative geographies of „the Orient" had combined over time to produce an internally structured archive in which things came to be seen as neither completely novel nor thoroughly familiar. Instead, a median category emerged that 'allows one to see new things, things seen for the first time, as versions of a previously known thing' (GREGORY 2004: 18).

Jenes, was vorher bekannt war, beziehungsweise was durch die Idee der Bürde des weißen Mannes transportiert und tradiert wurde, findet sich demnach heute als Repertoire wieder, auf das zurück gegriffen wird, um die Suche nach Erklärungen und entsprechenden Lösungen zu erleichtern, welche Interventionen legitimierbar machen sollen.

Dies alleine reichte jedoch noch nicht, die Zustimmung für die Besetzung Afghanistans auf den Angriff auf den Irak zu übertragen. Die mangelnde Glaubwürdigkeit der Bedrohungsszenarien, die von den „Falcons", also den neokonservativen Hardlinern in den Thinktanks der Bush-Regierung und den Generalstäben der US-Armee, heraufbeschworen wurden, machte einen Krieg kaum vermittelbar. Die US-Strategen liefen damit „Gefahr, dass durch die An-

schläge des 11. September entstandene Momentum für ihre Kriegspolitik einzubüßen"
(WAGNER 2003: 1). Aus Reaktion darauf bemühte man die Idee eines „liberalen Imperialismus" als Aufgabe der USA. Dieser Terminus eigne sich nach der Auffassung mancher Historiker auch dazu, die Kolonialpolitik des British Empire zu charakterisieren (Wagner 2003: 1).
Die modernen „Imperialisten" in den Reihen der politischen Elite der USA scheute es tatsächlich auch nicht, sich darauf zu berufen, Erbe der alten Kolonialmacht zu sein und sich zur
US-amerikanischen Mission als Hegemonialmacht zu bekennen (EBD.: 2).

4.   Nation Building

4.1   „Liberaler Imperialismus" und Nation Building
Viele Angehörige der politischen Elite in den Jahren der Bush-Regierung verstanden unter
einem „liberalen Imperialismus" folgendes:

> Nach einer gängigen Definition ist ein liberaler Imperialist jemand, der
> glaubt, dass in einem mörderischen, fehlgeschlagenen Staat die Ordnung
> langfristig nur wiederhergestellt werden kann durch eine Intervention, bei der
> liberale Werte wie Toleranz, Pluralismus und Demokratie durchgesetzt werden." (WAGNER 2003: 1).

Für George W. Bush ging es darum, „solche Staaten in der Rolle eines wohlwollenden Diktators zu kontrollieren, bis die örtlichen Gruppen fähig und willens sind von sich aus im Einklang mit diesen Werten zu handeln" (WAGNER 2003: 1, zitiert nach McNAMARA 2001:
153).
In diesem Zusammenhang berufen sich die Verantwortlichen bis heute auf die Idee des „Nation Building". Es handelt sich hierbei um ein politisches Konzept, dass im Rahmen der Modernisierungstheorien der nachholenden Entwicklung der Dritten Welt entstand. Ein Großteil
der Länder, die man im 20. Jahrhundert noch als Drittweltländer klassifizierte, gingen aus
dekolonisierten Gesellschaften hervor. Der Begriff „Nation-Building" erfuhr deshalb auch
direkt nach dem Zweiten Weltkrieg, also zum Beginn der postkolonialen Ära, besonders rege
Verwendung (HIPPLER 2004: 16).

4.2   Das Konzept des Nation Building

Die Politik des Nation Building hat zum Ziel, zerfallene Staaten wieder aufzubauen oder drohenden Staatszerfall präventiv abzuwenden. Als Instrument der Außen-, Sicherheits-, und Entwicklungspolitik ist es als externes Engagement zu verstehen, um instabile Länder zu stützen oder neuzuordnen.

Das Motiv muss nicht zwangsläufig altruistischer Natur sein, sondern kann auch „eine politische Zielvorstellung, auch eine Strategie zur Erreichung konkreter Politikziele sein (HIPPLER 2004: 18). Nation Building kann also auch bestimmten geopolitischen Interessen in der Konkurrenz zwischen den engagierten Akteuren sein.

Um aus der Bevölkerung einer unorganisierten, instabilen Region eine Gesellschaft bilden zu können, welche ihren Staat und ihre Regierung selbst trägt, bedarf es eines integrativen Moments, also einer nationalistischen Bindung. „Wobei Nationalismus hier alles meint, das von der sinnstiftenden Herausbildung gemeinsamer nationaler Identität bis zur auch gewaltsamen Abgrenzung von anderen nationalen oder ethnischen Gruppen reicht" (HIPPLER 2004: 20). Was es dazu braucht, ist eine „Binnenkommunikation" (EBD.: 22), die zwischen den Gruppierungen innerhalb des gewünschten nationalen Gebildes stärker ist, als innerhalb einer Gruppe, die von den Grenzen dieser Nation gespalten ist. Beispielsweise in Afghanistan müsste es also Ziel sein, dass sich die Paschtunen, die auf dem afghanischen Territorium leben, sich mit ebendiesem identifizieren, anstatt sich ihren paschtunischen Brüdern und Schwestern auf den Staatsgebiet Pakistans näher zu fühlen. Nation Building kann diesen Effekt nur erzeugen, wenn es die erfolgreiche Etablierung einer nationalen Infrastruktur und die Verselbstständigung einer Nationalökonomie und eine hinreichende Auswahl an meinungsbildenden Massenmedien im Instrumentarium hat (EBD.: 22). Eine zentralistische Ausrichtung dessen auf eine gemeinsame Hauptstadt kann für eine territoriale und nationale Identifikation nur hilfreich sein. Dies wäre auch deshalb wichtig, weil die etwaigen Regierungen über ein Machtzentrum verfügen müssen, welches im gesamten Staat wirksam und dort auch flächendeckend legitimiert und anerkannt ist. Um dies alles von außen (also seitens der UN in Afghanistan und der USA im Irak) installieren zu können, bedarf es den entsprechenden Mitteln, um sich als fremdbestimmender Akteur gegen die vorliegende Unordnung oder einem etwaigem Widerstand durchsetzen zu können. Über diese Mittel verfügen aber nur solche Akteure, deren Vermögen auf asymmetrischen Machtbeziehungen beruht. Nation Building ist also zwangsläufig ein imperialistischer Akt (siehe 2.2).

4.3   Nation Building Eine Auswertung von Fallstudien

4.3.1 Afghanistan

Am Nation Building in Afghanistan beteiligt sind „die USA, die UNO, die Nachbarstaaten
Afghanistans, die NGOs und die Europäische Union" (SPANTA 2004: 111). Allerdings ist es
nicht vorrangig die große Anzahl der unterschiedlichen Akteure, auf der sich der „Mangel an
durchdachten Nachkriegskonzepten" (EBD.: 105) begründet. Ihr Teil der Verantwortung für
die „Paradoxie" (EBD.: 109) in der Herangehensweise an das Nation Building in Afghanistan
ist auch nur ein Nebeneffekt des eigentlichen Problems: Die USA ordnen die Belange des
Nation Building jenen Erfordernissen ihres Anti-Terror-Kampfes unter.

Während die Übergangsregierung unter Hamid Karzai von Kabul aus deshalb keine eigene
Kontrolle über das Land ausüben kann, weil er auf die Warlords als Partner angewiesen ist,
werden die Warlords[5] gleichzeitig von den USA unterstützt (GÜNTHER 2006: 17).

> Das Beispiel der Region Khost, wo von der Regierung Karzai ernannte Gou-
> verneur von seinem Vorgänger bekämpft wird, der von den USA finanziell
> unterstützt wird, demonstriert, dass die USA erstens ihre Politik von militäri-
> schen Erfordernissen des Anti-Terror-Krieges abhängig machen und zweitens
> über keine langfristige Strategie für das Land verfügen (SPANTA 2004:
> 109).

Offensichtlich fehlt es auch an einer gemeinsamen Strategie mit den anderen Akteuren des
Nation Building.

Auf der Petersberger Konferenz in Bonn sollte zwar der Multiethnizität und der Tradition
lokaler Stammesherrschaften Rechnung getragen werden. Mujaheddin, afghanische Kommunisten,[6] sogar ehemalige Teilhaber am Taliban-Regime wurden eingeladen. Außerdem wurden Exilafghanen dazu animiert, sich an der Demokratisierung des Landes zu beteiligen, um
damit eine gebildete Elite von „Westernized Afghans" (KOHISTANI 2006: 16) im politischen System zu installieren. An den Belangen der afghanischen Zivilbevölkerung vorbei, mit
ihrem niedrigen sozialen Status, ihrem geringen Einkommen und Prägungen, die sie durch
jahrzehntelange Gewalt erfahren mussten, missachtet „diese Konstruktion den sozialen Wan-

---

[5] Der im Sinne einer Befriedung gedachte Entwaffnungsprozess wird weitgehend den Warlords überlassen, da
die internationale Gemeinschaft nicht über ausreichend Kontrolle verfügt. Diese jedoch nutzen ihre lokale
Machtstellung, um dieselbe über die Kontrolle der Waffen weiter auszubauen.
[6] Die sowjetische Beeinflussung des afghanischen Bildungssystems, insbesondere an die universitären Eliten,
hinterließ in Afghanistan kommunistische Bewegungen in Gegnerschaft zu islamischen Kräften (KOHISTANI
2006: 14).

del in der afghanischen Gesellschaft in den vergangenen 30 Jahren [...] [und] missversteht darüber hinaus die tatsächlichen Erwartungen der Bevölkerung" (SPANTA 2004: 112).

Außerdem finden sich keinerlei Gründe, warum für die Warlords und verfeindete bewaffnete Gruppen eine nationale Identität oder eine Entwicklungszusammenarbeit für den Nationalstaat Afghanistan eine Rolle spielen soll (SCHULZ 2006: 21). Die im Rahmen des Nation Building gesteuerte Übergangsregierung etablierte ein Wahlsystem in Afghanistan, welches keine Parteien, sondern nur unabhängige Vertreter vorsieht. Die Verantwortlichen beriefen sich hierbei auf die Erfahrungen des Bürgerkrieges in den 1990ern, insbesondere zwischen Kommunisten und Mujaheddin (YAMAGUCHI 2006: 11). Aus aktueller Perspektive jedoch unterstützt dieses Wahlsystem eben jene Warlords, die ihren lokalen Interessen folgen. Ihre Zusammenführung durch eine gemeinsame Ideologie kann so nicht stattfinden, was die potentielle Entwicklung einer nationalen Identität konterkariert.

Die Stabilisierung eines durch jahrzehntelange Kriege zerstörten Landes muss auch infrastrukturellen und wirtschaftlichen Aufbau beinhalten. Erfolgreiches Nation Building muss also für Investitionen im Land werben. Das ökonomische Interesse des größten Potentaten, also der USA, ist aber kaum vorhanden. Konzentriert auf den Kampf gegen Al Quaida und Taliban, verwies die US-Regierung für diese Aufgabe vornehmlich auf die UNO und auf Deutschland. Diese beiden Akteure wiederum übertragen einen Großteil der Verantwortung den zahlreichen NGOs im Land. Über diese wurde die Entwicklungszusammenarbeit weitgehend privatisiert und sie ist auch für die direkte Versorgung der Bevölkerung mit Grundbedarfsmitteln unverzichtbar. Problematisch dabei ist nur:

> Mittel für notwendige langfristige Projekte werden von den NGO's für Projekte mit kurzem Zeithorizont verwandt. [...] So lange die NGO's die meisten Wiederaufbaumittel für ihre kleinen und lokalen Projekte ausgeben, bleibt die zerstörte Infrastruktur des Landes schwach oder funktionsunfähig (SPANTA 2004: 116).

Die Hemmnisse für ein erfolgreiches Nation Building in Afghanistan lässt sich wie folgend zusammenfassen:

Das Interesse am Nation Building ist für den mächtigsten Akteur, der Regierung der USA, nicht zentral. Sie soll beiläufig neben dem eigentlichen Ziel der militärischen Bezwingung der Al Quaida stattfinden. Daraus resultieren entscheidende Widersprüche, die dem Ziel der Machtkonzentration auf die Übergangsregierung zuwiderlaufen. Die Akzeptanz dieser Übergangsregierung bleibt außerdem schwach, da diese aus Macht- und Bildungseliten rekrutiert wurde, die zunächst ihren eigenen Interessen nachgehen. Die ethnischen und gesellschaftlichen Lebensbedingungen für die Masse der Zivilbevölkerung im Land werden nur oberflächlich wahrgenommen und können deshalb nur verzerrt berücksichtigt werden. Außerdem ist der notwendige Aufbau einer Infrastruktur von ökonomischen Interessen abhängig, anstatt davon zumindest mittelfristig entkoppelt zu sein. Für eine liberale Wirtschaftswelt kann Afghanistan kein Interesse wecken.

4.3.2 Irak

Der Angriff der USA auf den Irak war nie völkerrechtlich legitimiert. Die Regierungen in Washington und London mussten nach ihrem zweifelsfrei großen militärischen Erfolg für den Sturz des Regimes von Saddam Hussein die irakische Nachkriegsordnung im Alleingang organisieren – und waren dabei allein auf die eigenen Militärs angewiesen. Kurz nach dem Krieg war die mangelnde Nation Building-Kompetenz der rein militärischen Administration ein entscheidender Faktor für das Misslingen. Insbesondere die Fehleinschätzung der zu erwartenden Zustände nach dem Krieg ist hierfür verantwortlich: „Das Pentagon hatte erwartet, den effektiven irakischen Staatsapparat (eingeschlossen seiner Polizei) mehr oder weniger intakt übernehmen und in Dienst stellen zu können" (HIPPLER 2004). Stattdessen zerfiel das politische System des gestürzten Regimes vollständig. Sämtliche Ministerien und alle Polizeibehörden wurden unmittelbar während des Angriffes aufgegeben. „Bei Kriegsende war der Irak eine zutiefst traumatisierte, […] staatenlose Gesellschaft mit weitgehend zerstörter Infrastruktur und Ökonomie, die hart am Rand des Chaos balancierte" (EBD.: 126). Die Besatzungstruppen aus den USA und Großbritannien waren und sind damit vollkommen überfordert.

Zurück bleibt ein irakischer Komplex, der sich aus unterschiedlichen Interessengruppen zusammensetzt. Die Minderheit der arabischen Sunniten verlor mit dem Fall des Regimes ihre privilegierte Stellung, die sie seit dem irakischen Königreich innehatte und bis in die Diktatur Saddam Husseins erhalten konnte. Die früher unterdrückte Mehrheit der arabischen Schiiten empfand den Sturz zunächst als Befreiung, hat jetzt aber schon einige Jahre unter den schlechten Lebensbedingungen im unsicheren Irak zu leiden, woraus sich gefährliches Konfliktpotential ergibt (EBD.: 129). Die Kurden im Nordirak hingegen leben in vergleichsweise geordneten und sicheren Verhältnissen. Ihr Autonomiegebiet, welches im Wesentlichen der ehemaligen UN-Schutzzone nach dem 2. Golfkrieg in den 1990er Jahren entspricht, weist weitgehend funktionierende staatliche Strukturen auf. Die Schwäche der Regierung in Bagdad, des ehemaligen Hegemon, befördert nun das kurdische Autonomiestreben.

Außerhalb des Kurdengebietes herrscht im Irak - ebenso wie in Afghanistan - eine "Warlordisierung" (SCHULZ 2006: 20) vor. Das Nation Building im Irak wird im Wesentlichen durch ein „föderales Dilemma" (EBD.: 20) blockiert. Einerseits soll durch eine föderale Struktur im Irak dem notwendigen Ausgleich zwischen den unterschiedlichen Gruppen Rechnung getragen werden. Andererseits führt dies zu weiterer Segregation. Demnach „stärkt der Föderalismus die Macht der regionalen Oligarchien […]. Und er kann bei arabischen Sunniten, […] zu Ressentiments führen, wenn sie sich der neuen kurdisch-schiitischen Mehrheit marginalisiert fühlen." (EBD: 20).

Es lassen sich also zwei grundlegende Hemmnisse für das Nation Building im Irak feststellen: Mangels Legitimation für ihren Krieg war die USA dazu gezwungen, diese Aufgabe ihrer darauf unvorbereiteten Armee zu überlassen. Daraus resultierten schwerwiegende Fehler, die die Glaubwürdigkeit der Besatzer ebenso wie die einer potentiellen irakischen Administrative untergraben. Die ethnischen Gegensätze scheinen sich angesichts dessen nur weiter zu vertiefen. Es ist derzeit unklar, ob es der Koalition der Willigen gelingt zu verhindern, dass die irakische Nation zerbricht. (SCHMIDINGER 2006: 24).

5.   Fazit: Die postkoloniale Prägung des Nation Building

Die Vielfalt der postkolonialen Probleme und der Schwierigkeiten der Akteure beim Versuch des Staatsaufbaus konnten nur knapp angerissen werden. Dennoch wird erkennbar, dass eine vereinfachte, oberflächliche und von Eigeninteressen verzerrte Wahrnehmung der Komplexe Irak und Afghanistan einen erheblichen Anteil daran hat, dass das Nation Building zumindest stagniert und möglicherweise mehr zerstört, als es aufbauen kann. William Easterly hat keine Zweifel:

> Western intervention in the government of the Rest, whether during colonization or decolonization, has been on the far side of unhelpful. The West should learn from its colonial history when it indulges neo-imperialism fantasies. They didn't word before and they won't work now. (EASTERLY 2006: 305)

Er fasst damit die koloniale und postkoloniale Ära zusammen. Tatsächlich sind im großen Umfang die gleichen Fehler, die instabile dekolonisierte Staaten hinterlassen haben, heute im Rahmen der Beseitigung von Terror-Regimes und unter der Prämisse des Nation Building wiederholt worden.

Der „liberale Imperialismus" formuliert, seine Werte und seine Auffassung von Demokratie in die postkolonialen Gesellschaften transportieren zu wollen. Das Ziel des Nation Building, sei, die Betroffenen in „Einklang mit diesen Werten" (siehe 3.) zu bringen. Die Sachzwänge der Realpolitik, nämlich die Zusammenarbeit und Eingliederung von islamischen Eliten, die anderen Werten folgen, als einem liberalen Demokratieverständnis nach westlichem Vorbild, schreckt Besatzer nicht ab. „Ayatollahs und Mullahs im Irak sowie ehemalige Taliban und Mujaheddin in Afghanistan" (SCHULZ 2006: 21) fordern eine islamische Gesetzgebung, was einer Demokratisierung entgegenstehen kann. Im liberalen Imperialismus sind also Widersprüche oder zumindest fragwürdige Spielräume erlaubt.

Inkonsequenzen und Fehler im postkolonialen Nation Building entstehen dann, wenn es aufgrund vereinfachter Wahrnehmung oberflächlich konzipiert ist, oder wenn es nicht das zentrale Ziel einer Intervention ist. Parallelen vom Nation Building im liberalen Imperialismus zur Auffassung der Bürde des weißen Mannes in der Kolonialzeit bestehen insofern, als auch damals schon die „Zivilisierung der wilden Völker Asiens" nicht das eigentliche Ziel war, sondern der Sieg im „Great Game". Das Ende der Kolonialismus ergab sich vorrangig aus der Tatsache, dass die durch zwei Weltkriege geschwächten europäischen Hegemonialmächte ihre Mandate als Ballast empfunden. Die Maßnahmen zur Abstoßung dieses Ballastes muten wie Provisorien an, die eine postkoloniale Prägung der neuen „freien" Staaten als destabilisierenden Faktor zurücklassen. Heute ist von „Exit-Strategien" die Rede und es ist derzeit unklar, inwieweit auch diese die Schwächen, die Provisorien aufweisen, vermieden werden sollen.

Das Sendungsbewusstsein des liberalen Imperialismus ist insoweit mit dem Sendungsbewusstsein in der Kolonialzeit vergleichbar, als sich damals wie heute eindimensionale Bilder von „uns" und „sie" ebenso dazu eignen, wie auch immer begründete Interventionen zu legitimieren. Die postkoloniale Prägung des Westens mit seiner imaginativen, vereinfachenden Geographie des Mittleren Ostens erscheint so nicht nur als ein fehlerproduzierender Umstand, sondern auch als ein Werkzeug.

6.   Literaturverzeichnis

BABEROWSKY, Jörg (2007): England und Russland: Afghanistan als Objekt der Fremd-
herrschaft im 19. Jahrhundert. In: Chiari, Bernhard (Hg.): Afghanistan. (Wegweiser
zur Geschichte). S. 22–32.

BARTZ, Dietmar; Geese, Lilian Astrid (Hg.) (2007): Atlas der Globalisierung. le monde diplomatique. Berlin.

BINYON, Micheal (2001): „How the islamic world learned to hate the US", in NYT September 13, 2001.

BUCK-MORSS, Susan (2003): A global public sphere? in: Thinking Past Terror: Islamism
and critical Theory on the Left. London, pp. 21-35.

DERIAN, James der (2002): The war of networks, in: Theory and event 5/4
http://www.muse.de/uq.edu.au/journals/theory_and_event/v005/5.4derderian.html,
aufgerufen am 22.11.09

EASTERLY, William Russell (2006): The white man's burden. Why the West's efforts to aid
the rest have done so much ill and so little good. New York.

FÜRTIG, Henner (2004): Kleine Geschichte des Irak. Von der Gründung 1921 bis zur Gegenwart. München.

GREGORY, Derek (2004): The Colonial Present: Afghanistan Palestine Iraq. Oxford: Black-
well.

GÜNTHER, S.; Lutz, G. et al (2006): Zerreißproben. Eine umstrittene Zwischenbilanz der
Lage im Irak und in Afghanistan. In: iz3W, H. 290, S. 15–19.

HIPPLER, Jochen (2004): Nation-Building. Ein Schlüsselkonzept für friedliche Konfliktbear-
beitung? Bonn: Dietz (Eine Welt, 17).

KOHISTANI, Sardar M. (2006): Afghanistan: Nation Building in the Minds of People. In:
Geographische Rundschau/international edition Band 2, H. 4, S. 14–18.

Mc NAMARA, Robert et. al (2001): Wilson's Ghost: Reducing the Risk of Conflict, Killing
an Catastrophe in the 21. Century. New York.

o. A. (2007): Kurdistan, Land in vier Staaten. In: Bartz, Dietmar; Geese, Lilian Astrid (Hg.):
Atlas der Globalisierung. le monde diplomatique. Berlin: 'Le Monde diplomatique'/taz-Verl.- und Vertriebs-Ges., S. 158–159.

SCHLAGINTWEIT, Reinhard (2007): Zwischen Tradition und Fortschritt: Afghanistan als Staat im 20. Jahrhundert. In: Chiari, Bernhard (Hg.): Afghanistan. Durchgesehene und erweiterte Auflage ‖ Revised and expanded edition. Paderborn: Schöningh (Wegweiser zur Geschichte), S. 32–40.

SCHMIDINGER, Thomas (2006): Treue zum Warlord. Die Wiederkehr des Ethnischen in Afghanistan und Irak. In: iz3W, H. 290, S. 22–24.

SCHULZ, Jörn (2006): Gebäude ohne Fundament. Nation building in Afghanistan und Irak. In: iz3W, H. 290, S. 19–21.

VALERA, Maria et al.(2005): Postkoloniale Theorie: Eine kritische Einführung, o.O.

WAGNER, Jürgen (2003): Amerikas Mission. Liberaler Imperialismus und US-Außenpolitik. In: Wissenschaft und Frieden, H. 3, S. 48–51.

YAMAGUCHI, Kai (2006): Building a State in Afghanistan. Sustainability and Dependencies. In: Geographische Rundschau/international edition Band 2, H. 4, S. 332–339.